BEI GRIN MACHT SICH IHR WISSEN BEZAHLT

AF149835

- Wir veröffentlichen Ihre Hausarbeit,
  Bachelor- und Masterarbeit

- Ihr eigenes eBook und Buch -
  weltweit in allen wichtigen Shops

- Verdienen Sie an jedem Verkauf

Jetzt bei www.GRIN.com hochladen
und kostenlos publizieren

Bibliografische Information der Deutschen Nationalbibliothek:

Die Deutsche Bibliothek verzeichnet diese Publikation in der Deutschen National-bibliografie; detaillierte bibliografische Daten sind im Internet über http://dnb.d-nb.de/ abrufbar.

Dieses Werk sowie alle darin enthaltenen einzelnen Beiträge und Abbildungen sind urheberrechtlich geschützt. Jede Verwertung, die nicht ausdrücklich vom Urheberrechtsschutz zugelassen ist, bedarf der vorherigen Zustimmung des Verla-ges. Das gilt insbesondere für Vervielfältigungen, Bearbeitungen, Übersetzungen, Mikroverfilmungen, Auswertungen durch Datenbanken und für die Einspeicherung und Verarbeitung in elektronische Systeme. Alle Rechte, auch die des auszugsweisen Nachdrucks, der fotomechanischen Wiedergabe (einschließlich Mikrokopie) sowie der Auswertung durch Datenbanken oder ähnliche Einrichtungen, vorbehalten.

Impressum:

Copyright © 2003 GRIN Verlag, Open Publishing GmbH
Druck und Bindung: Books on Demand GmbH, Norderstedt Germany
ISBN: 9783640644872

Dieses Buch bei GRIN:

http://www.grin.com/de/e-book/152521/struktur-und-entwicklung-von-metropolen-das-beispiel-london

Ron Klug

Struktur und Entwicklung von Metropolen - Das Beispiel London

GRIN Verlag

GRIN - Your knowledge has value

Der GRIN Verlag publiziert seit 1998 wissenschaftliche Arbeiten von Studenten, Hochschullehrern und anderen Akademikern als eBook und gedrucktes Buch. Die Verlagswebsite www.grin.com ist die ideale Plattform zur Veröffentlichung von Hausarbeiten, Abschlussarbeiten, wissenschaftlichen Aufsätzen, Dissertationen und Fachbüchern.

Besuchen Sie uns im Internet:

http://www.grin.com/

http://www.facebook.com/grincom

http://www.twitter.com/grin_com

Martin-Luther-Universität Halle/Wittenberg

Institut für Geographie

Unterseminar: Sozialgeographie

Student: Ron Klug

Struktur und Entwicklung von Metropolen

Das Beispiel London

Inhaltsverzeichnis

1) Zielstellung

Es geht um die Entwicklung von Metropolen am Beispiel London. Dabei werde ich einen Überblick über die historische Entwicklung Londons bis zur Gegenwart erarbeiten. Ich werde versuchen, die Entwicklung Londons und seine nationale als auch internationale Stellung und Bedeutung durch die Betrachtung der Wirtschaftsverhältnisse und Bevölkerungssituation zu beschreiben. In meinen Darstellungen werde ich mich auf Fachliteratur, wie zum Beispiel die Fachzeitschriften „Praxis Geographie" und „Geographische Rundschau" und Informationen aus dem Internet beziehen.

2) Begriffsklärung

Als Metropole wird im Allgemeinen die Hauptstadt oder ein anderes wirtschaftliches, kulturelles und gesellschaftliches Zentrum eines Landes bezeichnet. Vor allem in überwiegend zentralistisch regierten Staaten und Entwicklungsländern kommt es zur Herausbildung von Städten, die andere Großstädte an Bedeutung überragen. Man bezeichnet diese als Metropolen.[1]

Unter Metropolisierung versteht man den Prozeß, der zur Ausprägung einer die anderen Städte eines Landes an Größe und Bedeutung überragenden Metropole führt. Dabei entwickeln sich meist begünstigte Städte, wie zum Beispiel die Hauptstadt oder eine Hafenstadt eines Landes, zu einer Metropole. Ein wesentliches Merkmal dieses Prozesses ist die Vergrößerung des Abstandes bezüglich Bevölkerungszahl und Wirtschaftskraft im Vergleich zu anderen Städten dieses Landes.

---

[1] Diercke: Wörterbuch Allgemeine Geographie. (2001)

3) Zur Geschichte Londons

London war dem Ursprung nach eine Festung der Kelten gelegen, an dem Fluß, der heute als Themse bezeichnet wird. Die erstmalige Eroberung dieser Festung erfolgte durch die Römer, die sie dann „Londinium" nannten und auch besiedelten. Im Jahre 50 n.Chr. wurde die erste Brücke über den Fluß gebaut, da bis zu diesem Zeitpunkt der Durchgang durch den Fluß nur aus einer Furt bestand. Das war eine erste, frühe Voraussetzung, die London in seiner wirtschaftlichen Bedeutung aufsteigen ließ, denn jetzt stellte London einen Handels- und Verkehrsknotenpunkt dar. Daraufhin entwickelte sich die Stadt auch relativ schnell zu einem Wirtschafts- und Verwaltungszentrum.

Im 5. Jhd. begann der Abzug der Römer und England wurde nach und nach von den Angeln und Sachsen erobert. Gleichzeitig sank die Bedeutung Londons als Stadt. Das sollte sich auch nicht durch die Besiedelung der Dänen ändern, die viele Teile der Stadt ungenutzt ließen. Im Jahr 886 wurden die Dänen vertrieben und London wurde vollständig von den Sachsen erobert.

Die Bedeutung Londons stieg erst wieder mit der Eroberung durch Normannen 1066. Wilhelm der Eroberer bestätigte der Stadt erstmals besondere Rechte und schon gegen Ende des 12. Jhd. wählten die Bewohner ihren eigenen Bürgermeister. Bereits seit dem 11. Jhd. hatte London eine gewisse Hauptstadtfunktion inne.

1351 wurde erstmals ein eigener Stadtrat gewählt, doch die Führung der Stadt lag weiterhin in den Händen einer Oberschicht von reichen Kaufleuten.

1348 wurde auch London von der Pest heimgesucht, die wie überall verheerende Auswirkungen hatte. Ca. 50% der damaligen Bevölkerung fiel ihr zum Opfer, aber die Stadt erholte sich relativ schnell wieder.

Im 16. Jhd. kam es zu einem größeren Entwicklungsschub und einer Reihe damit verbundener Veränderungen in London. Es begann die Zeit der Eroberung der Weltmeere und England sandte zahlreiche Handelsschiffe nach Amerika und Indien aus. Diese Handelsbeziehungen stärkten London und der Hafen gewann zunehmend an Bedeutung. London entwickelte sich dadurch zu einer wichtigen Hafenstadt.

1665 wurde London abermals durch eine Pestwelle und einen großen Stadtbrand verwüstet. Im Zuge des Wiederaufbaus der Stadt wurden viele Wohnviertel Richtung

Westen verlagert. Es erfolgte der Bau von neuen Brücken über den Fluß, große Plätze wurden errichtet, Wasser- und Kanalisationsanlagen wurden angelegt und die Straßen erhielten eine Pflasterung.

Das 19. Jhd. ist durch einen starken Anstieg der Bevölkerungszahl gekennzeichnet. Es gab viele Zuwanderungen aus den Kolonien, von den britischen Inseln und vom europäischen Kontinent. Die Bevölkerungszahl versechsfacht sich in kurzer Zeit und die sozialen Probleme der Stadt wie Arbeitsplatzmangel, Armut und Wohnungsnot steigen. Der 1. Weltkrieg hatte nur geringe Auswirkungen auf London. Die Schäden durch den 2. Weltkrieg waren jedoch um ein Vielfaches höher. Es gab 10.000 Tote und schwere Verwüstungen durch Luftangriffe. Die Hafenanlagen wurden so schwer beschädigt, dass eine Rekonstruktion unmöglich erschien.

Erstaunlicherweise konnte die Stadt ihre wirtschaftliche Bedeutung trotz Kriegsschäden beibehalten und der Wiederaufbau begann. Bis Ende der 50er Jahre des letzten Jahrhunderts waren die Schäden größtenteils beseitigt. [2]

4) Allgemeines

London ist die Hauptstadt von Großbritannien und England. Die Stadt ist gelegen im Südosten Englands, westlich der Themsemündung. Sie erstreckt sich ca. 40 km entlang des Flußlaufes, wobei der größere Teil der Stadt nördlich des Flusses liegt.[3]
1997 zählte London 7.074.000 Einwohner mit einer Bevölkerungsdichte von 4477 Einwohner pro km². [4]

London wird in Greater London (auch als Outer London bezeichnet) mit einer Fläche von 1580 km² und die City of London mit einer Fläche von 2,7 km² gegliedert.[5]

---

[2] www.morten.via.t-online.de
[3] www.morten.via.t-online.de
4 Klett-Perthes: Taschenatlas Erde. (2000)

[5] www.morten.via.t-online.de
[6] Quelle: Hall, J. in: Geographische Rundschau. Heft 03/1985. S. 149
7 www.morten.via.t-online.de
8 www.morten.via.t-online.de

In der City of London leben nur 5000 Menschen, aber über 300.000 arbeiten hier jeden Tag.[6]

Insgesamt konzentrieren sich 46% der Angehörigen ethnischer Minderheiten Englands in der Hauptstadt und in durchschnittlich jedem 5. Haushalt ist Englisch nicht die Hauptsprache.[7]

London wird durch seine besondere Lage auf dem 0 – Meridian außerdem als Zentrum der Globalität bezeichnet.[8]

5) Die Verwaltung Londons

Londons Stadtgebiet wird in 33 Stadtbezirke unterteilt, wobei die City of London einen eigenen Bezirk bildet. Greater London wird in 32 weitere Bezirke unterteilt.

Die Teilung der Stadt in verschiedene Bezirke erfolgte 1888, nachdem sie für eine zentralisierte Verwaltung zu groß geworden war. Es entstand die Grafschaft London, die vom London County Council regiert wurde.

1965 wurde entschieden, dass die zahlreichen Vororte in die Stadt eingegliedert werden sollten. Es entstand Groß London, das vom Greater London Council regiert wurde.

Die Thatcher Regierung beschloss 1986 jedoch die Auflösung der Großen Ratsversammlung (County Council).

Seitdem wird die Stadt nicht von einem einzelnen Gremium regiert, sondern jeder Stadtbezirk von einem eigenen Regierungsrat. London wird auch nicht von einem einzelnen Repräsentanten vertreten, wie das in New York oder Paris der Fall is.[9]

---

[8] M. Aunkofer in: Praxis Geographie Heft 05/2001 S. 31
[9] Gaebe,W.und Hall,J. in: Geographische Rundschau Heft 01/1991 S. 16

6) Die Wirtschaft Londons

In der Hauptstadt wird im Vergleich zu allen anderen britischen Städten das höchste Bruttoinlandsprodukt erwirtschaftet. Insgesamt erarbeiten in London 12% der Gesamtbevölkerung Großbritanniens 20% des Bruttoinlandsproduktes.[10] Diese Zahlen unterstreichen klar die nationale wirtschaftliche Bedeutung der Metropole.

Das durchschnittliche Jahreseinkommen eines Beschäftigten in London beträgt 28.000 Pfund. Dieser Wert liegt damit 40% über dem Gesamtlandesdurchschnitt. [11]

Seit 1971 ist jedoch die wirtschaftliche Wachstumsrate Londons mit 1,4% geringer als die des gesamten Landes mit 1,9%. Die wirtschaftliche Bedeutung Londons nimmt, gemessen an der Wertschöpfung und der Zahl der Arbeitsplätze, national als auch international ab. Trotzdem weist die Stadt eine positive Bilanz der Handelsüberschüsse auf. Dies ist überwiegend auf die starke Börse und den boomenden Tourismus zurückzuführen. In diesen beiden Bereichen oder anderen Dienstleistungen arbeiten 85% aller Beschäftigten der Stadt. Die Differenz zwischen hochbezahlten und hochqualifizierten Arbeitsplätzen und schlecht bezahlten mit geringen Aufstiegschancen wird immer größer. [12]

Die Stadt verlor zwischen 1966 und 1982 ca. 1 Mio. Arbeitsplätze.[13] Von diesen hohen Verlusten war überwiegend der verarbeitende und produzierende Wirtschaftssektor betroffen. In der Beschäftigungsstruktur gab es in den letzten Jahrzehnten tiefgreifende Veränderungen.

Der Anteil der Beschäftigten des verarbeitenden Gewerbes sank kontinuierlich von 1,55 Mio. 1951 auf 630.000 im Jahr 1982. Die Zunahme der Beschäftigten im Dienstleistungssektor unterliegt bestimmten Schwankungen. So stieg der Anteil von 1,56 Mio. 1951 auf 1,70 Mio. 1966, verringerte sich bis 1971 wieder leicht auf 1,65 Mio., stieg wieder auf 1,78 Mio. bis 1976 und pegelte sich 1982 bei 1,75 Mio. ein. Die Zahl der Beschäftigten im tertiären Sektor stieg also insgesamt an. Die Zahl der Gesamtarbeitsplätze sank, wie schon beschrieben, von 1951 mit 4,29 Mio. auf 3,38 Mio. 1982.

---

[10] Aunkofer, M. in: Praxis Geographie Heft 02/2001 S. 32
[11] Aunkofer, M. in: Praxis Geographie Heft 02/2001 S.31
[12] www.morten.via.t-online.de
[13] Hall, J. in: Geographische Rundschau Heft 03/1985 S. 150

Die Daten entstammen jedoch einer Quelle, die schon 20 Jahre alt ist. Die realen Verhältnisse spiegeln heutzutage wohl eher noch eine Verschärfung der gegensätzlichen Entwicklung der Beschäftigungszahlen von sekundärem und tertiärem Sektor wider.

Hafen: Zu Beginn des 19. Jhd. wurden 80% der Importe und 70% der Exporte Großbritanniens über den Londoner Hafen abgewickelt. Ab den 70ern war jedoch der Frachtwert des Flughafen Heathrow erstmals höher.[14] Das ist ein eindeutiges Signal für den Bedeutungsrückgang des Hafens.

Schon in den 60er Jahren wurden die Docks geschlossen und an den neuen Standort Tilbury an der Themsemündung verlegt. Die Zahl der Beschäftigten sank im Zeitraum von 1950 von 300.000 auf lediglich 3.000 im Jahr 1980. Heutzutage beträgt der Anteil des Binnen- und Außenhandels Großbritanniens, der über den Londoner Hafen abgewickelt wird, nur noch 10%.[15]

Airports: In London gibt es fünf Flughäfen. Heathrow, Gatwick und Stansted sind die wichtigsten. Ihre wirtschaftliche Bedeutung stieg in den letzten Jahren um ein Vielfaches an. Die Abfertigungsmenge an Fracht und Passagieren wächst beständig. 1998 wurden durch Heathrow und Gatwick insgesamt 92 Mio. Passagiere abgefertigt. Stansted legte ebenfalls zu und verdoppelte seine Passagiermenge in den letzten fünf Jahren auf über 7 Mio. Das entspricht der allgemeinen Entwicklung, denn die Passagierzahlen aller fünf Flughäfen stiegen seit 1990 insgesamt um 60%.[16]

Einhergehend mit der zunehmenden Bedeutung der Flughäfen und den wachsenden Passagierzahlen sind die steigenden Kapazitätsprobleme, Infrastrukturmängel und Anbindungsdefizite der Flughäfen an die City.[17]

Produktion: Die Anzahl der Arbeiter in den Produktionsbetrieben Londons sank von über 1 Mio. 1971 auf 328.000 1994.[18]

---

[14] Gaebe, W. und Hall, J. in: Geographische Rundschau Heft 01/1991 S. 17
[15] Gaebe, W. und Hall, J. in :Geographische Rundschau Heft 01/1991 S. 17
[16] Aunkofer, M. in Praxis Geographie Heft 05/2001 S. 31
[17] Gaebe, W. und Hall, J. in: Geographische Rundschau Heft 01/1991 S. 16-17
[18] www.morten.via.t-online.de

Am erfolgreichsten in Produktion und Umsatz sind noch die Druckerei- und Verlagsbetriebe. 25% der Beschäftigten des produzierenden Gewerbes in London arbeiten in dieser Branche. Sie verzeichnet insgesamt 33% des gesamten Produktionsausstoßes der Londoner Produktion.

In der Leichtindustrie sind noch die zahlreichen Brauereien und Textilbetriebe erwähnenswert. Aber auch hier zeichnet sich eine zunehmende Abwanderungs- bewegung der Beschäftigten in andere Wirtschaftbereiche ab.[19]

Der überwiegende Teil der Beschäftigten arbeitet im tertiären Sektor. Im Jahr 1997 entfallen auf Finanzen und Dienstleistungen 31%. Dieser Anteil in London ist gegenüber dem Gesamtlandesvergleich mit 18% überdurchschnittlich hoch. Auf Warenvertrieb, Hotel- und Gastronomiewesen entfallen 22%. Dieser Anteil ist mit dem auf das ganze Land bezogenen Wert von 21% fast identisch. Der Anteil der im Bildungs-, Sozial- und Gesundheitswesen Beschäftigten beträgt 15% und auf das Transport- und Kommunikationswesen entfallen 8%. Insgesamt sind 1997 also 75% der in London arbeitenden Menschen im tertiären Sektor beschäftigt und nur 8% dagegen im produzierenden Gewerbe. 17% entfallen auf die übrigen Sparten.

So gewannen Immobilien- und Dienstleistungswesen 210.000 Beschäftigte, Hotel- und Gastronomiewesen 60.000 und das Finanzwesen 30.000. Insgesamt stieg also die Zahl der Beschäftigten im tertiären Sektor um 300.000. Das produzierende Gewerbe, also der sekundäre Sektor, verzeichnete keinen Zuwachs. In den übrigen Sparten stiegen die Beschäftigtenzahlen um 180.000.

Alle aufgeführten Tendenzen und Entwicklungen lassen eine Veränderung in der Beschäftigungsstruktur in London vom sekundären hin zum tertiären Sektor erkennen.

Börse: Die Londoner Börse wurde bereits im 16. Jhd. gegründet. Sie spielte in der wirtschaftlichen Entwicklung Londons stets eine wichtige Rolle. 1986 führte der sogenannte „Big Bang" zu einem allgemeinen Aufschwung in Wirtschaft und Handel,

---

[19] www.morten.via.t-online.de

denn das elektronischen Finanzwesen wurde eingeführt und der Aktienmarkt wurde dereguliert. [20]

1994 waren 8.547 verschiedene Aktien mit einem Gesamtwert von 3,2 Mrd. Pfund an der Londoner Börse registriert.[21] Der Aktienhandel verliert aber gegenüber den Märkten in New York und Tokio immer weiter an Bedeutung.

Bedeutender ist dagegen der Devisenhandel. Die Londoner Börse ist der weltgrößte Handelsplatz für Devisen mit einem Weltmarktanteil von über 30%. Der Tagesumsatz betrug im April des Jahres 1998 640 Mrd. US-Dollar. Das war mehr als in New York und Tokio zusammen.[22]

Diese Zahlen belegen die internationale Bedeutung Londons als Finanzzentrum.

Banken: Im Jahr 1995 beschäftigten 500 Auslandsbanken ca. 40.000 Menschen in London. 1998 zählte man 540 Banken, im Jahr 2001 nur noch 479.

Ein Grund für die Verringerung der Anzahl der Banken sind die Entwicklungsschwächen auf dem Geld- und Aktienmarkt und die daraus resultierenden Fusionen der Banken und Kreditinstitute. [23]

Sie zeigen die Überlegenheit Londons als Standort für Auslandsbanken gegenüber den Konkurrenten New York und Tokio. In London konzentrierten sich 1989 433 Auslandsbanken. In New York waren es 306 und in Tokio nur 190. Auch die Dominanz Londons bei den Devisenumsätzen, die schon angesprochen wurde, wird, bezogen auf das Jahr 1989, verdeutlicht. Der tägliche Devisenumsatz lag in London bei 187 Mrd. US-$., in New York bei 129 Mrd. US-$ und in Tokio bei 115 Mrd. US-$. Der Anteil der Aktienumsätze dagegen war in London um mehr als 50% geringer als in New York oder Tokio. Die hier vorgestellten Ergebnisse entsprechen den schon erwähnten Verhältnissen, denn Londons international dominierende Bedeutung als Finanzzentrum basiert hauptsächlich auf dem Devisengeschäft. Der Aktienhandel spielt ebenfalls eine wichtige, aber eher untergeordnete Rolle.

---

[20] www.lpb.bwue.de/aktuell/bis/2_97/bis972g.htm
[21] www.morten.via.t-online.de
[22] Aunkofer, M. in: Praxis Geographie Heft 05/2001 S. 31
[23] Aunkofer, M. in: Praxis Geographie Heft 05/2001 S. 31

<u>Versicherungen:</u> In London sind sehr viele Versicherungsgesellschaften angesiedelt. Ihnen verdankt London einen großen Teil seines wirtschaftlichen Erfolges. Einige Versicherungsunternehmen sind schon seit über 300 Jahren aktiv. Die bekannteste Institution ist Lloyd's, die jedoch keine Versicherungsgesellschaft an sich verkörpert, sondern als Börse für Versicherungsverträge fungiert.[24]

<u>High-Tech-Industrie:</u> Im Bereich der High-Tech-Industrie ist eine Spezialisierung auf pharmazeutische und elektronische Erzeugnisse zu erkennen. Diese Produktsparte verzeichnet mitunter die höchsten Umsätze.[25]

<u>Tourismus:</u> Im Jahr 1994 besuchten 18,4 Mio. Touristen die Stadt London. Sie blieben im Durchschnitt 3 Tage und gaben 6,1 Mrd. Pfund aus. Der Tourismus stellt somit eine wichtige Einnahmequelle für die Stadt dar. Insgesamt stehen 130.000 Hotelbetten zur Verfügung. [26]

<u>Bildung und Kultur:</u> Die Universitäten und andere akademische Einrichtungen liefern auch einen gewissen Beitrag zur Wirtschaft Londons, denn sie stellen Arbeitsplätze und bilden zukünftige Arbeitskräfte aus. Der kulturelle Bereich und der Unterhaltungssektor gewinnen zunehmend an Bedeutung, auf sie entfallen 6% der Arbeitsplätze der Stadt.[27]

<u>Gunstfaktoren:</u> Londons wirtschaftliche Bedeutung beruht zu einem gewissen Teil auf der günstigen geopolitischen Lage, denn die Stadt ist die Hauptstadt eines relativ dichtbesiedelten, kleinen Landes. Die allgemeine geographische Lage wirkt sich ebenfalls sehr positiv aus, hat London doch eine Schlüsselstellung zwischen den beiden Wirtschaftszentren New York und Tokio inne. Kontakte zu beiden Wirtschaftszentren sind an einem Arbeitstag möglich, denn der Tag beginnt in London, bevor er in Tokio endet und ist noch nicht zu Ende, bevor er in New York beginnt.[28]

---

[24] www.morten.via.t-online.de
[25] www.morten.via.t-online.de
[26] www.morten.via.t-online.de
[27] www.moten.via.t-online.de
[28] www.lpb.bwue.de/aktuell/bis/2_97/bis972g.htm

7) Entwicklung der Bevölkerung Londons

Die Innenstadt Londons verlor, in Bezug auf die Wohnfunktion, relativ früh an Bedeutung. Im 17. Jhd. lebten in der City of London, einem Gebiet auf einer Fläche von 2,7 km², noch ca. 200.000 Menschen. Heutzutage hat die Wohnfunktion eine absolut untergeordnete Bedeutung, denn es leben nur noch ca. 5.000 Menschen dort.[29] Seit Anfang des letzten Jahrhunderts nimmt die Bevölkerung in Inner London ab und seit den 50igern auch in Outer London.

Im Jahr 1991 lebten in Inner London nur noch ca. 50% der Menschen wie zu Anfang des 20. Jhd. Im Umland Londons kann man von einem ausgeprägten Suburbanisierungsprozeß sprechen.

Unter Suburbanisierung versteht man im Allgemeinen den Dekonzentrationsprozeß von Bevölkerung und Industrie. Dabei kommt zu Abwanderungsbewegungen vom zentralen städtischen Bereich in dezentrale Stadtrandlagen oder die nähere Umgebung.

Demnach betrug der Bevölkerungsanteil in Greater London im Jahr 1801 1,1 Mio., in Inner London 0,96 Mio. und in Outer London 140.000.

Die Bevölkerung in Greater London stieg bis 1939 kontinuierlich auf ca. 8,5 Mio. und erreichte damit ihr Maximum. Ab dem Jahr 1939 sank die Bevölkerungszahl beständig und betrug 1987 noch 6,77 Mio.

In Inner London stieg die Bevölkerungszahl bis 1910 ebenfalls kontinuierlich auf ca. 4,5 Mio. und sank von da an schrittweise auf nur noch 2,28 Mio. im Jahr 1987. Die Bevölkerungszahl verringerte sich also zwischen 1910 und 1987 auf ungefähr 50%.

Das Bevölkerungswachstum war in Outer London zwischen 1801 und 1870 nur gering. Ab den 70ern des 19. Jhds. stieg die Bevölkerungszahl jedoch stark an und erreichte 1951 ihr Maximum mit ca. 4,8 Mio. Danach sank die Zahl nur leicht und betrug 1987 4,49 Mio. Das späte aber starke Anwachsen der Bevölkerungszahl in Outer London ist für den einsetzenden Suburbanisierungsprozeß im 20. Jhd. kennzeichnend.

Zwischen 1919 und 1939 wuchs die Bevölkerung Londons auf natürliche Weise um 750.000. Im gleichen Zeitraum wanderten 1.250.000 Menschen zu. Die natürliche Bevölkerungsentwicklung Londons ist relativ ausgeglichen. Lebendgeburten gibt es

---

[29] www.lpb.bwue.de/aktuell/bis/2_97/bis972g.htm

13,5 pro Tausend und Todesfälle 11,4 pro Tausend. Für die Bevölkerungsentwicklung, - verteilung und –veränderung sind also hauptsächlich Wanderungsströme ausschlaggebend gewesen. [30]

Die allgemeine Bevölkerungsentwicklung in der gegenwartsnahen Zeit gestaltet sich folgendermaßen: Im Jahr 1971 betrug die jährliche Nettoabwanderung aus London 100.000. Diese Zahl resultiert aus der Differenz von 350.000 Abwanderern und 250.000 Zuwanderern. Im Jahr 1981 verringerte sich der jährliche Nettoverlust auf 50.000 pro Jahr. [31]

Die Anzahl der Haushalte sank im Zeitraum von 1971 bis 1981 um 5,1% auf 2,51 Mio. Im gleichen Zeitraum stieg die Zahl der Einpersonenhaushalte um 48.000. Diese Entwicklung entspricht der allgemeinen Tendenz, denn es gibt einen beständiges Wachstums der Zahl der alleinstehender Personen im Alter zwischen 16 bis 24 Jahren.[32]

8) Die Ghettobildung

Durch den wirtschaftlichen Wettbewerb, den Wandel in der Berufsstruktur und die zunehmenden wirtschaftlichen Gegensätze in Bebauung, Erwerbstätigkeit, Bevölkerungsstruktur und Nutzungsdichte kommt es zur Verschärfung der sozialen Differenzen und damit zur Herausbildung von Ghettos. Es gibt ein hohes Gefälle zwischen Haushalten mit sehr hohem Einkommen und Haushalten mit nur geringfügigen Einkommen. Arbeitslosigkeit und Obdachlosigkeit kennzeichnen bzw. verstärken diesen Prozeß zusätzlich.[33]

Arbeitslosigkeit, Armut und der substantielle Verfall sind in den östlichen Stadtteilen Londons höher als im Westen. Im östlichen London befindet sich die heruntergekommene Wohn- und Gewerbezone aus dem 19. Jhd., die eine hohe Wohndichte und einen hohen Anteil an armen und älteren Menschen aufweist. Mehr

---

[30] Hall, J. in: Geographische Rundschau Heft 03/1985 S.150
[31] Hall, J. in: Geographische Rundschau Heft 03/1985 S.150
[32] Hall, J. in: Geographische Rundschau Heft 03/1985 S.150
[33] www.lpb.bwue.de/aktuell/bis/2_97/bis972g.htm

und mehr wohlhabende Haushalte verbleiben jedoch in London und verdrängen die ärmeren Haushalte mit geringerem Einkommen.[34]

9) Probleme der Metropole London

Durch die von den Unternehmen angewandte, stark selektive Standortwahl, kommt es in London zur Herausbildung von wirtschaftlichen Brachflächen, die durch Unternutzung und Zerstörung gekennzeichnet sind.[35]

Das Verkehrsnetz der Stadt gilt als veraltet und ist oft hoffnungslos überlastet. Täglich kommt es zu Verspätungen und Pannen. Pro Tag sind 650.000 Pendler auf das öffentliche Verkehrsnetz angewiesen. Die durchschnittliche Reisegeschwindigkeit in London ist seit 60 Jahren kaum verändert bzw. verringert sich noch. Vor 30 Jahren betrug sie 21 km/h und heute nur noch 16 km/h. Verkehrschaos und damit verbundene Erhöhung der Umweltbelastung sind an der Tagesordnung.[36]

Im Innenstadtbereich Londons fehlt eine leistungsfähige Durchgangsverbindung. Die Fughäfen Heathrow, Gatwick und Stansted bedürfen einer dringenden Erweiterung und einer effektiveren Verkehrsanbindung an die City.[37]

Das negative Standortfaktorenpotenzial der Stadt vergrößert sich zusätzlich durch den Green-Belt. Das ist ein gesetzlich geschützter Grüngürtel um Groß London, der das Flächenwachstum der Stadt beeinträchtigt. Aus diesem Grund werden viele Strukturerneuerungen im alten Stadtgebiet vorgenommen, die natürlich mehr Kosten verursachen als der Neubau auf der „Grünen Wiese". Das führt letztendlich zu einer höheren Belastung des Stadthaushaltes.[38]

Ein Viertel der Bevölkerung Londons lebt an oder unter der Armutsgrenze. Es kommt zur schon angesprochenen Herausbildung von Ghettos. Obdachlos sind meist Männer oder Jugendliche, die auf der Suche nach Arbeit nach London kamen. Insgesamt gibt es

---

[34] www.lpb.bwue.de/aktuell/bis/2_97/bis972g.htm
[35] www.lpb.bwue.de/aktuell/bis/2_97/bis972g.htm

[36] Aunkofer, M. in: Praxis Geographie Heft 05/2001 S.34
[37] www.lpb.bwue.de/aktuell/bis/2_97/bis972g.htm

eine Zunahme der Einpersonenhaushalte, denn immer mehr jüngere und auch ältere Menschen leben allein. Der hohe materielle Wohlstand in London, wird mit einer großen Einbuße an Lebensqualität erkauft. Es kommt zu verstärktem Pendlerverhalten, hohen Immobilienkosten, einem schlechten Bildungs- und Weiterbildungsangebot und einer hohen Kriminalitätsrate. Agglomerationsnachteile sind weiterhin die Erhöhung der Lebenshaltungskosten, hohe Mieten und Grundstückspreise.[39]

Auf europäischer Ebene droht London durch seine geographische und wirtschaftliche Randalge, in einem sich dynamisch nach Süden und Osten erweiternden EU-Wirtschaftsraum, eine politische als auch wirtschaftliche Isolation.[40]

10) Stadterneuerung am Beispiel Docklands

Die Docklands umfassen das ehemalige Gebiet des Hafens in London. Diese strukturschwache Region soll im Rahmen eines Stadterneuerungsprogrammes aufgewertet werden und für Industrie und Bevölkerung attraktiver werden.

Die Stadtentwicklung in London ist jedoch überwiegend durch wirtschaftliche Interessen geprägt, soziale Aspekte treten dabei oft in den Hintergrund. Die private Entwicklungsgesellschaft, die für die Erneuerungsmaßnahmen in den Docklands verantwortlich ist, wird nicht bzw. kaum von öffentlicher Seite kontrolliert. Die Planungskontrollen wurden stark gelockert um die Erneuerungsvorhaben voranzu-treiben.[41]

Die Docks wurden zwischen 1967 und 1971 schrittweise trockengelegt und 1981 begannen die Bauvorhaben. Zu diesem Zeitpunkt lagen ca. 800 ha Fläche flußabwärts der Towerbridge brach.[42]

Die ursprüngliche Planung sah einen ausgeglichenen Bau von Wohnungen, industriell gewerblichen Arbeitsplätzen und Infrastruktur vor. Diese Planungsabsichten traten

---

[38] Hall, J. in: Geographische Rundschau Heft 03/1985 S.150
[39] Gaebe, W. und Hall, J. in: Geographische Rundschau Heft 01/1991 S.17-20
[40] Gaebe, W. und Hall, J. in: Geographische Rundschau Heft 01/1991 S.15
[41] www.lpb.bwue.de/aktuell/bis/2_97/bis972g.htm
[42] Gaebe, W. und Hall, J. in: Geographische Rundschau Heft 01/1991 S.18

jedoch mehr und mehr in den Hintergrund und Büroflächen und gewerbliche Einrichtungen bildeten den Schwerpunkt.[43]

Die Thatcher Regierung verschuldete diesen Wandel 1979, indem sie das Verhältnis von öffentlicher gegenüber privater Finanzierung von 5 zu 1 auf nur noch 1 zu 5 änderte. Eine der wenigen verbliebenen städtischen Leistungen ist die Befreiung der sich neu ansiedelnden Unternehmen von der Gewerbesteuer für 10 Jahre. Ein weiterer Vorteil, der neue Unternehmen in die Docklands bringen soll, sind die vergleichsweise geringeren Mieten gegenüber dem Durchschnitt in der City.[44]

Erwähnenswertester Neubau ist der Canary-Wharf Komplex auf der Isle of Dogs. Dieser stellt eines der größten städtebaulichen Projekte des 20. Jhd. dar. Auf 25 ha Fläche entstanden über 400.000 m² Bürofläche. Daraufhin entwickelte sich dort auch ein leistungsstarkes Finanzzentrum.[45]

Demnach soll die Bevölkerung von 41.000 in den Jahren 1982/83 auf 85.000 in den Jahren 1990/92 ansteigen. Es wird also eine Verdopplung der Bevölkerungszahl in einem Zeitraum von 10 Jahren angestrebt. Die Anzahl der Wohnungen soll von 500 in den Jahren1982/83 auf 20.000 in den Jahren 1990/92 ansteigen. Die Arbeitsplätze sollen von 25.000 in den Jahren 1982/83 auf 114.000 in den Jahren 1990/92 steigen und die Nutzfläche im gleichen Zeitraum von 0 m² auf 2.600.000 m². Der Anteil der privaten Investitionen betrug 1982/83 nur 1 Mrd. Pfund und steigt bis 1990/92 auf 15,7 Mrd. an. Diese Daten belegen den privaten Charakter, den die Erneuerungen tragen.

Weitere Beispiele für innerstädtische Revitalisierungsmaßnahmen sind der Millennium Dome als Touristenattraktion, der 1999 fertiggestellt wurde, und das größte Zeltdach der Welt darstellt und der Bluewater Shopping- und Freizeit-Komplex. Die Anlage dieses Einkaufskomplexes fördert jedoch zunehmend den Suburbanisierungsprozess und es kommt zu einer sozialen Segregation der Käuferschichten.[46]

---

[43] www.lpb.bwue.de/aktuell/bis/2_97/bis972g.htm
[44] Gaebe, W. und Hall, J. in: Geographische Rundschau Heft 01/1991 S.18
[45] Gaebe, W. und Hall, J. in: Geographische Rundschau Heft 01/1991 S.20
[46] Zehner, K. in: Praxis Geographie Heft 06/2000 S.15

11) Zusammenfassung

Die angeführten Fakten, Daten und deren Auswertung verdeutlichen den Verlauf der Entwicklung Londons zur Metropole. Sie verweisen auf positive als auch negative Aspekte der Entwicklung und zeigen die Probleme, die mit der Entwicklung einhergehen. Die internationale Stellung und wirtschaftliche Bedeutung Londons ist früher und auch heute bestimmten Schwankungen unterlegen, aber dennoch relativ konstant. Großbritannien wird sich der Europäischen Union nicht nur wirtschaftlich, sondern zukünftig in verstärktem Maße auch politisch öffnen und annähern müssen, denn die isolierende Insellage, die Großbritannien und auch London früher schützte und von Einflüssen des europäischen Festlandes weitgehend unbetroffen ließ, wirkt sich im zunehmenden Globalisierungsprozess der Wirtschaft und Industrie negativ aus. Nur durch eine integrative, europäische Grundhaltung Großbritanniens wird die Bedeutung. Londons weiter eine zentrale Rolle spielen. Andernfalls droht die Metropole international den Anschluß zu verlieren.

Literaturnachweis

Aunkofer, M.: London – the global powerhouse, in: Praxis Geographie Heft 05/2001 S.31-34

Hall, J.: Entwicklungsprobleme von Großlondon, in: Geographische Rundschau Heft 03/1985 S.148-155

Hall, J. und Gaebe, W.: London. Positive und negative Entwicklungstendenzen in den 80er Jahren, in: Geographische Rundschau Heft 01/1991 S.14-20

Zehner, K.: Die London Docklands und das untere Themsetal. Flaggschiffprojekte postmoderner Stadt- und Regionalentwicklung, in: Praxis Geographie Heft 01/2000 S.14-16

Zehner, K.: London. Weltstadt im Wandel. Vista Point: Köln 1993

www.britischebotschaft.de

www.lpb.bwue.de/aktuell/bis/2_97/bis972g.htm

www.morten.via.t-online.de

BEI GRIN MACHT SICH IHR WISSEN BEZAHLT

- Wir veröffentlichen Ihre Hausarbeit, Bachelor- und Masterarbeit

- Ihr eigenes eBook und Buch - weltweit in allen wichtigen Shops

- Verdienen Sie an jedem Verkauf

Jetzt bei www.GRIN.com hochladen und kostenlos publizieren